Cuyer & Alix

Le Cheval

1886.

LE

CHEVAL

EXTÉRIEUR
STRUCTURE ET FONCTIONS
RACES

ATLAS

PUBLICATIONS DE M. ÉDOUARD CUYER

LE

CORPS HUMAIN

STRUCTURE ET FONCTIONS

FORMES EXTÉRIEURES, RÉGIONS ANATOMIQUES, SITUATION, RAPPORTS ET USAGES
DES APPAREILS ET ORGANES QUI CONCOURENT AU MÉCANISME DE LA VIE
DÉMONTRÉS A L'AIDE DE PLANCHES COLORIÉES, DÉCOUPÉES ET SUPERPOSÉES

DESSINS D'APRÈS NATURE

PAR ÉDOUARD CUYER

TEXTE

PAR G. A. KUHFF

Préface par M. MATHIAS DUVAL

PROFESSEUR A LA FACULTÉ DE MÉDECINE

PROFESSEUR D'ANATOMIE A L'ÉCOLE DES BEAUX-ARTS.

1 vol. in-8 de 500 pages de texte avec atlas de 27 planches coloriées. Ouvrage
complet, cartonné en deux volumes. 75 fr.

Le Corps humain (sans les organes génitaux de l'homme et de la femme).
1 vol. in-8 de 350 pages de texte, avec atlas de 23 planches coloriées.
— Ensemble 2 vol. gr. in-8, cartonnés.......................... 70 fr.
Les Organes génitaux de l'homme et de la femme. In-8 de 56 pages, avec
56 figures et 2 planches coloriées................. .... 7 fr. 50

Les Allures du cheval. Texte et dessins par ED. CUYER. 1 vol. in-8 avec
13 figures et 1 planche coloriée..... .... 7 fr. 50

ANATOMIE ARTISTIQUE

DU

CORPS HUMAIN

PLANCHES

PAR LE Dr FAU

TEXTE ET FIGURES

PAR ÉDOUARD CUYER

Peintre

Prosecteur à l'École nationale des Beaux-Arts, Professeur à l'École des Beaux-Arts de Rouen,

1 vol. in-8 de 200 pages avec 4 figures dans le texte et 17 planches. 6 fr.
Le même, avec figures coloriées. 12 fr.

1740-84. — Corbeil. Typ. et stér. Crété.

E. CUYER ET E. ALIX

LE

CHEVAL

EXTÉRIEUR

RÉGIONS, PIED, PROPORTIONS, APLOMBS, ALLURES, AGE, APTITUDES, ROBES,
TARES, VICES, VENTE ET ACHAT, EXAMEN CRITIQUE DES ŒUVRES D'ART ÉQUESTRE, ETC.

STRUCTURE ET FONCTIONS

SITUATION, RAPPORTS, STRUCTURE ANATOMIQUE ET ROLE PHYSIOLOGIQUE
DE CHAQUE ORGANE

RACES

ORIGINE, DIVISIONS, CARACTÈRES, PRODUCTION ET AMÉLIORATION

XVI PLANCHES COLORIÉES, DÉCOUPÉES ET SUPERPOSÉES

DESSINS D'APRÈS NATURE

PAR

ÉDOUARD CUYER

Peintre
Prosecteur d'anatomie à l'École nationale des Beaux-Arts de Paris
Professeur d'anatomie à l'École des Beaux-Arts de Rouen

TEXTE

PAR

EUGÈNE ALIX

Vétérinaire militaire
Lauréat du Ministère de la Guerre (médaille d'or)

PRÉFACE

Par M. MATHIAS DUVAL, professeur d'anatomie à l'École des Beaux-Arts

PARIS

LIBRAIRIE J.-B. BAILLIÈRE ET FILS

19, rue Hautefeuille, près du boulevard Saint-Germain

1886

PRÉFACE

———

Le livre que nous présentons aujourd'hui au public est la suite d'une idée qui, dans un ouvrage précédemment publié, avait été appliquée à l'étude de la structure et des fonctions du corps humain (1). Ce qui constituait l'originalité de l'ouvrage auquel nous faisons allusion, c'était le mode de représentation des différents organes. Les planches, découpées et superposées, permettaient, ainsi que nous le disions dans la préface, de faire de la grosse anatomie, pour ainsi dire *en chambre*, et d'étudier la forme et les rapports des organes sans avoir de sujet à sa disposition. L'idée, tout en n'étant pas absolument nouvelle, est néanmoins précieuse pour l'étude. Il suffit de soulever, comme les feuillets d'un livre, les divers plans : on enlève les muscles, on arrive aux couches profondes, et on parvient ainsi jusqu'au squelette.

M. Cuyer, qui avait si parfaitement réussi dans l'application de ce procédé à l'enseignement de l'anatomie humaine, a pensé qu'il serait intéressant de l'appliquer aussi à l'étude des organes d'un quadrupède, et il a choisi le cheval.

Ce choix était légitimé par cette raison qu'un livre traitant d'un tel sujet serait d'une grande utilité à plusieurs catégories de lecteurs : Au vétérinaire, il sera un guide précieux pour ses études ; à l'artiste, pour le diriger

———

(1) *Le Corps humain, structure et fonctions*. Planches découpées et superposées par Ed. Cuyer, texte par le Dr Kuhff. Paris, J.-B. Baillière et fils, 1878.

dans les œuvres qu'il crée et dans lesquelles il veut associer à l'homme le compagnon de ses luttes et de ses travaux ; enfin, au sportman, pour éviter dans ses acquisitions les erreurs que pourrait entraîner l'ignorance de l'organisation du cheval.

Tous ces désiderata seront non seulement remplis par les planches de notre élève et ami Ed. Cuyer, mais encore par le texte qui accompagne ces planches et qui est dû à la plume autorisée de M. E. Alix, vétérinaire militaire, dont les travaux et l'expérience sont une garantie de l'exactitude de ses explications.

A ce texte a été réuni celui d'un opuscule que M. Cuyer avait publié en 1883 et qui traitait des allures du cheval. On a réuni au présent atlas la planche dont cet opuscule était le texte explicatif, et à ce propos, nous croyons devoir rappeler ce que, à cette époque, nous écrivions comme introduction à ce travail :

Si, au premier abord, rien ne paraît plus simple que de saisir, par l'observation ordinaire, les principaux éléments de la locomotion, les rapports réciproques des membres d'un bipède ou d'un quadrupède qui se déplace d'une manière régulière, l'expérience montre bientôt qu'une analyse de ce genre est l'une des plus délicates qu'il soit donné au physiologiste d'entreprendre. Et en effet, tant que les observateurs s'en sont tenus à regarder purement et simplement soit les membres du cheval en mouvement, soit les foulées ou empreintes successives laissées par les pieds de l'animal, il leur a été impossible d'arriver à une connaissance exacte du mécanisme d'une allure quelconque ; la preuve en est dans le désaccord des résultats obtenus par les divers auteurs, car on peut dire que, jusque dans ces dernières années, autant d'observateurs, autant de théories des allures.

Il a fallu, pour trancher la question, l'intervention d'une méthode d'analyse qui avait déjà fait ses preuves d'une manière si éclatante en tout ce qui concerne les mouvements de l'organisme (mouvements du cœur, de la circulation, de la respiration), méthode dans laquelle l'observateur substitue, à ses organes des sens, des appareils capables d'enregistrer d'une manière permanente toutes les phases d'un mouvement, et les rapports réciproques de divers mouvements simultanés. On ne saurait trop admirer avec quelle précision le professeur Marey a appliqué cette méthode graphique, et les résultats qu'il a obtenus pour ce qui est des allures du cheval sont assez caractérisés par ce simple fait, que la théorie qu'il a donnée des allures n'a pas rencontré un seul contradicteur : la science était désormais fixée sur ce point.

Ces résultats obtenus par l'inscription graphique font naturellement penser à ceux de la photographie ; la méthode graphique traduit automatiquement le mouvement, comme la photographie traduit les formes. Ce rapprochement n'est pas purement idéal ; il est tellement dans la nature même des choses, que plus récemment nous venons de voir la photographie instantanée reprendre l'analyse des mouvements, dès qu'elle a été en possession de plaques assez sensibles pour qu'une fraction infiniment petite de seconde fût suffisante à l'impression ; dès lors elle a pu donner les images successives de toutes les phases d'un mouvement. Or, appliquée aux allures du cheval, cette photographie du mouvement, entre les mains de Muybridge et de Marey, est venue confirmer entièrement la théorie des allures telle que l'avait établie précédemment Marey à l'aide de la méthode graphique.

La question scientifique, l'analyse exacte était donc résolue. Restait à en faire l'application, c'est-à-dire à mettre les artistes en mesure de profiter de ces résultats. C'est ce qu'a tenté, avec un plein succès, M. Ed. Cuyer dans les pages qui vont suivre. Reconstituer par synthèse les résultats de l'analyse, présenter un tableau dont l'ingénieuse disposition permette de retrouver la place de chaque membre, à chaque période d'une allure, en même temps que les réactions des diverses parties du corps, tel est le but qu'il s'est proposé, et nous ne saurions douter de la faveur avec laquelle les artistes accueilleront cette tentative de l'un d'entre eux, si nous en jugeons déjà par le vif intérêt qu'ont prêté les maîtres à une première présentation qui fut faite récemment de ces planches à l'Académie des Beaux-Arts.

Le point sur lequel il faut peut-être insister ici, c'est moins encore l'utilité, aujourd'hui bien reconnue de tous, de ces enseignements fournis à l'art par la science, que la manière de se servir de ces enseignements. De la connaissance des allures, au point de vue de la représentation du mouvement, il devra en être ce qu'il en est de l'anatomie, au point de vue de la représentation des formes : ce n'est pas avec un écorché qu'on produit une œuvre d'art ; ce ne sera pas non plus avec ces maquettes mobiles qu'on reproduira l'illusion de la vie et du mouvement. Dans l'un comme dans l'autre cas, l'artiste ne pensera jamais à se dispenser d'études et d'observations propres ; mais le renseignement scientifique guidera ses observations et les abré-

gera en les précisant. Bien plus, même parmi les éléments fixés par l'analyse scientifique et reconnus par ses propres observations, l'artiste aura à
faire un choix, et c'est ici que sa spontanéité, son sentiment de la nature
trouvera largement à s'exercer. En effet, il est tel temps d'une allure qui,
pour être vrai, n'en est pas moins très peu vraisemblable; c'est que, par
exemple, dans l'oscillation d'un membre, il est des périodes qui se passent
si rapidement, qu'elles ne font pas d'impression sur nos sens : la reproduction de ces périodes, quoique conforme à la vérité, ne serait pas chose
vraisemblable, puisqu'elle ne répondrait pas à des choses visibles d'ordinaire à l'œil de l'observateur. C'est donc dans cette distinction du vrai
vraisemblable et du vrai absolu, mais non tangible en dehors de l'emploi
des instruments d'analyse, que l'artiste aura à exercer son observation
propre et à faire preuve de jugement. Du reste, hâtons-nous de le dire, ici
encore il pourra être aidé par les faits mêmes que lui révèlent l'analyse
graphique et la reproduction photographique, puisque ces reproductions
du mouvement lui donnent à la fois la succession des périodes et la durée
relative de chacune d'elles.

Un exemple extrêmement simple fera comprendre notre pensée : quand
un forgeron frappe le fer de son marteau, celui-ci, qu'il soulève et laisse
périodiquement retomber, occupe successivement toutes les positions gra-
duelles de l'ascension et puis de la descente. Tous nous connaissons ce
jouet si répandu aujourd'hui, qui, sous le nom de *phénakisticope*, au
moyen d'images successives venant tour à tour impressionner l'œil, nous
donne, entre autres illusions, celle du mouvement d'un forgeron qui bat le
fer : quand l'appareil tourne, nous voyons l'ouvrier qui soulève pénible-
ment le lourd marteau, puis le laisse brusquement retomber. Arrêtons
l'appareil et voyons par quelle succession d'images a été obtenue cette illusion d'optique pour représenter l'ascension du marteau, quatre ou cinq
figures successives ont été représentées; c'est que ce mouvement est relati-
vement lent; l'œil peut saisir le marteau à chaque instant de sa marche
ascensionnelle : au contraire, il n'a pas même été fait une seule figure du
marteau dans son mouvement de descente; à celle qui le représente au
sommet de sa course, succède brusquement celle qui le peint arrivé sur
l'enclume; c'est à cette condition seule qu'a été obtenue l'illusion de la
descente du marteau se précipitant sur le fer, parce que cette descente est
brusque, instantanée, et que nul œil ne peut se vanter de saisir le marteau
à une période quelconque du mouvement par lequel il se précipite sur

le fer. Cependant ces périodes existent aussi bien que pour l'ascension ; la méthode graphique aussi bien que la photographie instantanée les fixerait sur le papier : elles sont vraies, mais elles ne sont pas vraisemblables, parce qu'elles ne sont pas vues en dehors de l'analyse scientifique.

Des conditions semblables et infiniment plus complexes se retrouvent dans les mouvements d'oscillation des membres, et même dans les rapports réciproques des membres lors des allures rapides. L'artiste aura donc à tenir compte surtout de ses impressions propres ; du moment qu'il aura reconnu le vraisemblable, il trouvera, dans les ingénieux tableaux de l'auteur, tous les moyens de faire que ce vraisemblable soit vrai ; il aura ainsi satisfait les plus exigeants.

Il s'en faut donc de beaucoup que la tentative faite aujourd'hui par M. Cuyer pour vulgariser, au point de vue des artistes, des notions qui semblaient ne devoir intéresser que les hommes de science, il s'en faut de beaucoup que cette tentative puisse inspirer les moindres craintes même à ceux qui apprécient dans l'art surtout les manifestations dites d'inspiration et d'originalité personnelle. Pour l'étude des mouvements comme pour celle des formes, les lois de l'anatomie et la physiologie (mécanique animale) sont et ne sauraient être autre chose que ce que sont à l'expression des idées les règles de l'orthographe et de la grammaire ; et l'artiste, mis en mesure de faire vrai, ne sera pour cela ni plus restreint dans l'observation personnelle de la nature, ni plus paralysé dans l'essor de son génie, que ne l'est le poète pour être condamné à se conformer à la grammaire et à l'orthographe.

MATHIAS DUVAL.

1ᵉʳ décembre 1883.

PLANCHE I

VUE D'ENSEMBLE ET SQUELETTE

PLANCHE I

VUE D'ENSEMBLE ET SQUELETTE

I

Vue d'ensemble.

II

Squelette.

1. *Crâne.* Le crâne, ou partie supérieure de la tête, se compose de sept os, dont cinq sont impairs : l'*occipital*, le *pariétal*, le *frontal*, le *sphénoïde*, l'*ethmoïde;* un seul, le *temporal*, est pair. Ces os circonscrivent une cavité centrale, la boîte crânienne, dans laquelle se trouve logé l'encéphale.

2. *Face.* Beaucoup plus étendue que le crâne, chez le cheval, la face se compose de deux *mâchoires.* La mâchoire supérieure est formée de dix-neuf os larges, dont un seul, le *vomer*, est impair ; les os pairs sont : les *maxillaires supérieurs*, les *intermaxillaires*, les *palatins*, les *ptérygoïdiens*, les *zygomatiques*, les *lacrymaux*, les os *nasaux*, les *cornets supérieurs*, les *cornets inférieurs.* La mâchoire *inférieure* a pour base un seul os, le *maxillaire inférieur* (Voy. IIIᵉ partie, chap. ɪ, appendice, *Os de la tête*).

3. *Tronc.* Le tronc est constitué par le *rachis* ou *colonne vertébrale*, longue tige médiane flexueuse, de chaque côté de laquelle se détachent dix-huit arcs osseux ou *côtes*, qui viennent s'appuyer sur une pièce impaire appelée *sternum* (Voy. IIIᵉ partie, chap. ɪ et ɪɪ, *Cou et Tronc proprement dit*).

4. *Membre antérieur.*

5. *Membre postérieur* (Voy. IIIᵉ partie, chap. ɪɪɪ, *Membres*).

A. — Tête.

1° Os du crâne.

6. *Occipital; sa protubérance externe.* Occupe l'extrémité supérieure de la tête. Très ir-régulier dans sa forme, il se coude à angle droit, en avant et en arrière, et présente à étudier une *face externe*, une *face interne*, et une *circonférence* (Voy. Pl. VII).

7. *Pariétal.* Borné en bas par le frontal, en haut par l'occipital, latéralement par les deux temporaux, le pariétal s'incurve fortement en voûte pour former le plafond de la boîte crânienne (Voy. pl. VII).

8. *Apophyse zygomatique du temporal.* Longue éminence partant du milieu de la face externe du temporal pour se porter ensuite en dehors, en avant et en bas, où elle se termine par un sommet aminci (Voy. pl. VII).

9. *Hiatus auditif externe.* Orifice extérieur du conduit auditif externe, qui pénètre dans l'oreille moyenne (Voy. pl. VII).

10. *Frontal.* Concourt à former la voûte crânienne et une partie de la face : il est borné en haut par le pariétal ; en bas par les os nasaux et les lacrymaux ; de chaque côté par les temporaux (Voy. pl. VII).

11. *Cavité orbitaire.* Cavité osseuse profonde dans laquelle se trouve logé le globe de l'œil (Voy. Pl. VII).

2° Os de la face.

12. *Os unguis ou lacrymal.* Petit os pair coudé sur lui-même à angle droit, situé sous l'orbite qu'il concourt à former (Voy. pl. VII).

13. *Os malaire ou zygomatique.* Situé sur les parties latérales de la face, cet os est aplati d'un côté à l'autre et s'articule avec le maxillaire supérieur, le lacrymal et le temporal (Voy. pl. VII).

14. *Os propre du nez ou os sus-nasal.* Les deux sus-nasaux sont situés en avant de la tête et articulés entre eux sur la ligne médiane. Leur face interne est creusée en gouttière pour former le méat supérieur des cavités nasales (Voy. pl. VII).

15. *Maxillaire supérieur.* Situé sur le côté

Pl. I. VUE D'ENSEMBLE ET SQUELETTE. 13

de la face, cet os pair est le plus étendu de la mâchoire supérieure ; son bord externe se trouve creusé de six grandes cavités, ou *alvéoles*, dans lesquelles sont implantées les dents molaires supérieures (Voy. pl. VII).

16. *Trou sous-orbitaire.* Ouverture supérieure du *conduit sus-maxillo-dentaire* ou *sous-orbitaire* (Voy. pl. VII).

17. *Dents molaires* (Voy. pl. IV).

18. *Dents incisives* (Voy. pl. IV).

19. *Os intermaxillaire ou petit sus-maxillaire.* Os pair situé à l'extrémité inférieure de la tête, creusé de trois alvéoles pour recevoir les dents incisives supérieures (Voy. pl. VII).

20. *Maxillaire inférieur.* Forme à lui seul la mâchoire inférieure. Non soudé avec aucun des os qui précèdent, il est simplement uni aux temporaux par articulation diarthrodiale.

L'un de ses bords est creusé d'alvéoles pour recevoir les molaires, les incisives inférieures et les crochets, lorsqu'ils existent (Voy. pl. VII).

21. *Trou mentonnier.* Orifice inférieur du conduit sus-maxillo-dentaire (Voy. pl. VII).

B. — TRONC.

1° Colonne vertébrale.

22. *Région cervicale de la colonne vertébrale.* Les vertèbres cervicales sont les plus volumineuses de toutes. Elles se distinguent des autres vertèbres par une *arête inférieure* volumineuse, une *tête* fort bien détachée, une *cavité postérieure* large et profonde, une *apophyse épineuse* à peine saillante, et des *apophyses transverses* développées (Voy. pl. VIII).

23. *Atlas.* Première vertèbre cervicale.

24. *Axis.* Seconde vertèbre cervicale.

25. *Région dorsale de la colonne vertébrale.* Outre les caractères communs à toutes les vertèbres (Voy. Ire partie, chap. III, *Appareil de la locomotion*), celles de la région dorsale, au nombre de 18, présentent certaines particularités que nous allons énumérer :

Le *corps*, très court, est pourvu, en avant, d'une *tête* large, peu saillante, et, en arrière, d'une *cavité* peu profonde.

Latéralement, à la base des apophyses transverses, on trouve quatre *facettes articulaires*, dont deux antérieures et deux postérieures qui, par leur réunion avec celles de la vertèbre voisine, forment une petite cavité pour loger la tête de la côte correspondante. L'*apophyse épineuse* est très haute, aplatie d'un côté à l'autre, couchée en arrière et terminée par un sommet renflé. Les *apophyses transverses*, assez développées, sont dirigées obliquement en dehors et en haut. Les *apophyses articulaires* sont représentées par de simples facettes taillées sur la base même de l'apophyse épineuse.

Quant aux caractères qui peuvent servir à distinguer une vertèbre dorsale d'une autre, ils résident surtout dans la longueur différente des apophyses épineuses, dont les plus longues appartiennent aux troisième, quatrième et cinquième vertèbres ; tandis que celles qui suivent s'abaissent graduellement jusqu'à la dix-huitième (Voy. Pl. IX).

25'. *Apophyse épineuse de la première vertèbre dorsale.*

26. *Apophyse épineuse de la dix-huitième et dernière vertèbre dorsale.*

27. *Région lombaire de la colonne vertébrale.* Au nombre de six, les vertèbres lombaires sont caractérisées : 1° par des *apophyses épineuses* courtes, minces et larges ; 2° par des *apophyses transverses* très développées ; 3° par des *apophyses articulaires* antérieures et postérieures saillantes et excavées (Voy. Pl. XIII et XIV).

28. *Sacrum.* Le sacrum résulte de la soudure de cinq vertèbres et s'articule en avant avec la dernière vertèbre lombaire, en arrière, avec le premier os coccygien, sur les côtés avec les coxaux. Légèrement incurvé d'avant en arrière, il présente une forme générale triangulaire et offre à étudier : une *face supérieure*, une *face inférieure*, deux *côtés*, un *sommet* et un *canal central*, suite du canal rachidien.

La *face supérieure* présente sur son milieu cinq apophyses épineuses réunies seulement par leur base et dont l'ensemble constitue l'*épine sacrée*. De chaque côté de celle-ci existe une gouttière au fond de laquelle s'ouvrent quatre trous dits *sus-*

sacrés pénétrant dans le canal rachidien et communiquant avec quatre trous analogues de la face inférieure, les trous *sous-sacrés*.

La *face inférieure* est à peu près lisse.

Les deux *côtés* portent, en avant, une surface irrégulière destinée à l'articulation du coxal.

La *base* et le *sommet* présentent les orifices antérieur et postérieur du canal sacré (Voy. Pl. XIII et XIV).

29. *Coccyx.* La *région coccygienne* comprend de 15 à 18 vertèbres dégénérées qui vont en s'amincissant d'avant en arrière. Les trois ou quatre premières seules présentent un trou vertébral et la plupart des caractères des autres vertèbres ; dans les vertèbres suivantes, ces caractères s'effacent de plus en plus (Voy. Pl. XIII et XIV).

2° Côtes et sternum.

30. *Côtes* (La huitième ou dernière côte *sternale*).

Les côtes, au nombre de dix-huit chez le cheval, pour chacune des moitiés latérales du thorax, sont des os allongés, asymétriques, obliques de haut en bas et d'avant en arrière, aplatis d'un côté à l'autre, courbés en arc, et divisés en une *partie moyenne* et *deux extrémités*.

La *partie moyenne* offre deux faces et deux bords.

La *face externe*, convexe, est creusée en large gouttière ; la *face interne*, concave, est lisse et tapissée par la plèvre.

L'*extrémité supérieure* porte deux éminences, une *tête* et une *tubérosité*, qui servent à l'appui de la côte sur le rachis, en s'articulant avec deux vertèbres dorsales.

L'*extrémité inférieure* répond à un cartilage qui termine la côte en bas, le *cartilage costal*.

C'est justement grâce à la disposition variable de ce cartilage que les côtes se divisent en deux catégories : 1° les *côtes sternales* ou *vraies côtes*, au nombre de huit, dont le cartilage de prolongement s'articule directement avec le sternum ; 2° les *côtes asternales*, ou *fausses côtes*, au nombre de dix, qui s'appuient les unes sur les autres par l'extrémité inférieure de leur cartilage, dont le premier seul s'unit, d'une manière étroite, au dernier cartilage sternal, lequel donne ainsi à toutes les côtes asternales un appui indirect sur le sternum.

Considérées en masse, les côtes se distinguent les unes des autres par les principaux caractères suivants : 1° Leur longueur augmente de la première à la neuvième et diminue ensuite progressivement jusqu'à la dernière ; 2° La courbe décrite par chacune d'elles est d'autant plus brève et plus prononcée que la côte est plus postérieure (Voy. Pl. IX).

31. *Appendice xyphoïde du sternum.* Large palette cartilagineuse aplatie de dessus en dessous terminant le sternum en arrière (Voy. Pl. IX).

C. — Membres.

1° Membres antérieurs.

32. *Omoplate.* Os plat, triangulaire, asymétrique, couché obliquement de haut en bas et d'arrière en avant sur le plan latéral du thorax. Il forme à lui seul la base de l'épaule (Voy. Pl. XI et XII).

33. *Fosse sus-épineuse.*

34. *Fosse sous-épineuse.*

35. *Tubérosité de l'épine.*

36. *Apophyse coracoïde.*

37. *Bord de la cavité glénoïde.*

38. *Cartilage de prolongement.*

39. *Humérus.* Os long, pair, situé dans une direction oblique de haut en bas et d'avant en arrière, entre l'omoplate ou scapulum et les os de l'avant-bras, c'est-à-dire le radius et le cubitus. Il offre à étudier un *corps* et *deux extrémités*.

Tordu de devant en dehors à son extrémité supérieure et de dehors en avant à son extrémité inférieure, le corps de l'humérus se divise lui-même en *quatre faces :* une *antérieure*, plus large en haut qu'en bas ; une *postérieure* lisse et arrondie ; une *interne* également arrondie ; une *externe* creusée d'une large gouttière dite *gouttière de torsion*, laquelle se trouve séparée de la face antérieure par la *crête antérieure de la gouttière de torsion*, qui se termine vers le tiers supérieur de l'os

Pl. I.   VUE D'ENSEMBLE ET SQUELETTE.   13

par l'empreinte ou tubérosité deltoïdienne.

L'extrémité supérieure porte trois éminences : 1° une tête large et peu détachée répondant à la cavité glénoïde du scapulum ; 2° une éminence externe dite trochiter ou grosse tubérosité ; 3° une éminence interne, le trochin ou petite tubérosité. Le trochiter et le trochin se trouvent séparés l'un de l'autre, en avant, par une coulisse dite bicipitale, parce qu'elle sert au glissement du tendon supérieur du muscle biceps.

L'extrémité inférieure porte une surface articulaire comprenant : 1° une trochlée pour s'articuler avec le radius et le cubitus ; 2° en dehors du bord externe de la trochlée, une rainure, et plus loin un condyle. Au-dessus et en arrière de cette surface existe une fosse large et profonde, dite olécrânienne, parce qu'elle loge l'olécrâne dans les mouvements d'extension de l'avant-bras. Enfin, de chaque côté de la fosse olécrânienne se trouvent deux éminences : une interne, l'épitrochlée ; une externe, moins élevée, l'épicondyle (Voy. pl. XI et XII).

10. Tête de l'humérus.
11. Trochiter ou grosse tubérosité.
12. Empreinte ou tubérosité deltoïdienne.
13. Trochlée de l'extrémité inférieure de l'humérus.
14. Radius. Légèrement courbé en arc et déprimé d'avant en arrière, il forme, avec le cubitus, la base de l'avant-bras et offre à étudier un corps et deux extrémités.

Le corps présente deux faces et deux bords. La face antérieure, convexe, n'est protégée que par la peau dans la moitié de son étendue environ. La face postérieure, un peu concave d'une extrémité à l'autre, est recouverte par les muscles fléchisseurs du pied et la face antérieure du cubitus.

Le bord interne et le bord externe sont arrondis.

L'extrémité supérieure présente : 1° une surface articulaire moulée sur la surface correspondante de l'extrémité inférieure de l'humérus ; 2° une tubérosité externe, et une tubérosité interne ou bicipitale ; 3° l'apophyse coronoïde, petite éminence

conique terminant en avant le relief médian de la surface articulaire.

L'extrémité inférieure présente : 1° une surface articulaire répondant aux quatre os de la rangée supérieure du carpe ; 2° sur les côtés, deux tubérosités, l'une externe, l'autre interne ; 3° en avant, trois coulisses de glissement livrant passage à des tendons (Voy. Pl. XI et XII).

45. Cubitus. Se trouve appliqué contre la face postérieure du radius, avec lequel il est soudé chez les chevaux adultes. Cet os offre à étudier un corps et deux extrémités.

Le corps présente trois faces et trois bords, qui viennent se réunir à l'extrémité inférieure de l'os. Des trois faces, l'antérieure seule mérite d'être signalée, en ce sens que c'est elle qui répond au radius.

L'extrémité supérieure comprend tout ce qui dépasse la surface articulaire du radius et constitue ce qu'on appelle l'olécrâne, énorme apophyse aplatie d'un côté à l'autre, dont le bord antérieur est échancré en bas pour former la cavité sigmoïde, surface articulaire qui répond à la trochlée de l'humérus et qui se trouve surmontée d'un prolongement saillant, le bec de l'olécrâne.

L'extrémité inférieure se termine vers le quart inférieur du radius par une pointe aiguë (Voy. Pl. XI et XII).

46 Apophyse olécrâne du cubitus.

47. Os du carpe. Situé entre l'extrémité inférieure du radius et l'extrémité supérieure des os métacarpiens, le carpe sert de base au genou. Il est constitué par plusieurs petits os réunis entre eux au moyen de ligaments articulaires très solides et disposés sur deux rangées superposées. La rangée supérieure comprend quatre os ; l'inférieure trois ou quatre, le dernier n'étant pas constant. L'assemblage de ces os forme une masse à peu près quadrilatère dans laquelle on peut distinguer deux faces : une antérieure, une postérieure, et quatre bords (Voy. Pl. XI et XII).

48. Premier os de la rangée supérieure du carpe, ou os sus-carpien.

49. Métacarpien principal. Situé verticale-

ment entre le carpe et la région digitée, le métacarpien principal constitue la pièce principale des trois os du métacarpe ou du canon. Il présente à étudier un *corps* et *deux extrémités*. La *face antérieure* est arrondie ; la *face postérieure* est plate et munie sur les côtés de deux surfaces, rugueuses, parallèles, commençant vers l'extrémité supérieure et disparaissant un peu au-dessous de la moitié de l'os. Ces surfaces répondent aux métacarpiens rudimentaires par l'intermédiaire d'un ligament interosseux, généralement ossifié chez les vieux chevaux.

L'*extrémité supérieure* est moulée sur les os de la rangée inférieure du carpe.

L'*extrémité inférieure* répond à la première phalange et aux deux sésamoïdes par une surface articulaire composée de deux *condyles latéraux* séparés par une *arête* médiane (Voy. Pl. XI et XII).

50. *Métacarpien rudimentaire externe.* De chaque côté du métacarpien principal et en arrière existent deux petits os allongés, l'un en dedans, l'autre en dehors. Chacun d'eux a la forme d'une pyramide renversée et offre à étudier une *partie moyenne* et *deux extrémités*.

La *partie moyenne* présente *trois faces* et *trois bords*. Des trois faces, l'*antérieure* seule mérite d'être signalée, en ce sens qu'elle est garnie de rugosités pour donner attache au ligament interosseux qui unit le métacarpien rudimentaire à l'os principal.

L'*extrémité supérieure* prend le nom de *tête* et répond à un ou deux os de la rangée inférieure du carpe.

L'*extrémité inférieure* se termine vers le quart inférieur du métacarpien principal par un renflement appelé *bouton* (Voy. Pl. XI et XII).

51. *Grands sésamoïdes.* Os courts au nombre de deux, placés l'un à côté de l'autre, en arrière de l'extrémité supérieure de la première phalange. Leur face postérieure, revêtue de cartilage à l'état frais, forme, avec celle de l'os opposé, une coulisse de glissement et une poulie de renvoi pour les tendons fléchisseurs des phalanges (Voy. Pl. XI et XII).

52. *Première phalange.* Situé obliquement de haut en bas et d'arrière en avant, entre le métacarpien principal et la seconde phalange, cet os forme la base du paturon et présente à étudier un *corps* et *deux extrémités*.

Le *corps* est arrondi en avant et sur les côtés, aplati en arrière.

L'*extrémité supérieure* présente une surface articulaire constituée par *deux cavités glénoïdes* séparées par une gorge antéro-postérieure.

L'*extrémité inférieure* porte une surface articulaire formée de *deux condyles* séparés par une gorge médiane.

53. *Deuxième phalange.* La *deuxième phalange*, ou *phalangine*, est un os court situé dans la même direction que la première phalange, entre celle-ci et la troisième. Sa forme générale est celle d'un cuboïde aplati d'avant en arrière, dont la *face supérieure* et la *face inférieure* sont conformées comme les extrémités de la première phalange.

54. *Troisième phalange, phalangette,* ou *os du pied.* Os court qui termine le doigt et supporte l'ongle ou le sabot, à l'intérieur duquel il est renfermé avec le petit sésamoïde. Complétée de chaque côté par un *appareil fibro-cartilagineux,* la troisième phalange représente un segment de cône très raccourci, obliquement tronqué en arrière, du sommet à la base (Voy. Pl. II).

2° *Membres postérieurs.*

55. *Coxal.* Os de forme très irrégulière, plat et pair, situé entre le sacrum et le fémur dans une direction oblique de haut en bas et d'avant en arrière. Rétréci dans sa partie moyenne, il présente en ce point, et en dehors, une cavité articulaire, dite *cavité cotyloïde,* qui reçoit la tête du fémur, puis il s'élargit et s'infléchit en dedans pour s'unir sur la ligne médiane au coxal du côté opposé.

Le coxal est formé de trois pièces distinctes dans le fœtus, mais réunies à l'âge adulte ; elles ont reçu les noms d'*ilium,* de *pubis* et d'*ischium.*

Ilium. L'ilium, le plus grand des trois os qui concourent à former le coxal, est plat et triangulaire. C'est lui qui répond au sacrum. On y considère *deux faces, trois bords* et *trois angles*.

La *face externe* ou *supérieure* est excavée d'un côté à l'autre et porte le nom de *fosse iliaque externe*.

La *face interne* ou *inférieure* offre à étudier une portion mamelonnée, rugueuse, présentant, en arrière, la *facette auriculaire*, qui répond au sacrum.

Les *trois bords* sont amincis, concaves. L'*interne* constitue la *grande échancrure sciatique*.

L'*angle externe*, *épine iliaque antérieure et supérieure*, ou encore *angle de la hanche*, porte quatre tubérosités.

L'*interne*, *épine iliaque postérieure et supérieure*, ou encore *angle de la croupe*, présente une tubérosité rugueuse.

Le *postérieur*, ou *cotyloïdien*, concourt à former la cavité cotyloïde, laquelle est surmontée de la *crête sus-cotyloïdienne*, éminence allongée se continuant antérieurement avec le bord interne de l'os.

Pubis. La plus petite des trois pièces du coxal, le pubis est situé entre l'ilium et l'ischium; aplati de dessus en dessous, cet os se divise, pour la description, en *deux faces*, *trois bords* et *trois angles*.

La *face supérieure*, concourt à former le plancher du bassin; l'*inférieure*, rugueuse, est à peu près plane.

Le *bord antérieur* est mince et recourbé en haut. Le *postérieur* circonscrit antérieurement une large ouverture appelée *trou ovalaire, sous-pubien,* ou *obturateur.* L'*interne* se soude avec celui du côté opposé pour former la portion pubienne de la symphyse du bassin.

L'*angle externe* ou *cotyloïdien* forme l'arrière-fond de la cavité cotyloïde.

L'*interne* s'unit avec celui du pubis opposé.

Le *postérieur* se soude avec l'ischium.

Ischium. Situé en arrière du pubis, il est aplati de dessus en dessous et offre à étudier *deux faces, quatre bords* et *quatre angles.*

La *face supérieure*, à peu près plane, fait partie du plancher de la cavité pelvienne. L'*inférieure* est un peu plus rugueuse.

Le *bord antérieur* circonscrit en arrière

Le Cheval. — Atlas.

le trou ovalaire. Le *postérieur* forme, avec celui du côté opposé, une échancrure appelée *arcade ischiale.*

L'*externe* constitue la *petite échancrure sciatique.* L'*interne* s'unit à celui du côté opposé.

L'*angle antérieur externe* ou *cotyloïdien* concourt à former la cavité cotyloïde.

L'*angle antérieur interne* se soude avec l'angle postérieur du pubis.

L'*angle postérieur externe* forme la *tubérosité ischiatique*, base de la pointe de la fesse. L'*angle postérieur interne* constitue le sommet de l'arcade ischiale (Voy. Pl. XIII et XIV).

Du coxal en général. Le coxal correspond au scapulum et, bien que soudé assez intimement au tronc, constitue le premier rayon du membre postérieur. Réuni à celui du côté opposé et articulé avec le sacrum, il concourt à la formation de la cavité pelvienne ou du bassin et constitue la base de la croupe.

56. *Angle interne de l'ilium, épine iliaque postérieure et supérieure ou angle de la croupe.*

57. *Angle externe de l'ilium, épine iliaque antérieure et supérieure ou angle de la hanche.*

58. *Tubérosité ischiatique.*

59. *Bord de la cavité cotyloïde.*

60. *Crête sus-cotyloïdienne.*

61. *Fémur.* Os long, pair, situé obliquement de haut en bas et d'arrière en avant, entre le coxal et le tibia. Base osseuse de la cuisse, le fémur offre à étudier *un corps* et *deux extrémités.*

Des *quatre faces* du corps, l'*externe*, l'*interne* et l'*antérieure* sont arrondies et confondues l'une avec l'autre.

La *postérieure*, à peu près plane, est assez rugueuse.

Sur la limite de la face externe et de la face postérieure, on trouve : vers le tiers supérieur de l'os environ, une éminence aplatie et recourbée, la *crête sous-trochantérienne*; en bas, une fosse profonde, dite *sus-condylienne.*

Enfin, sur la limite de la face postérieure et de la face interne on voit, de haut en bas : 1° le *trochantin* ou *petit trochanter*, grosse tubérosité située vers le quart supérieur de l'os; 2° une empreinte

2

longitudinale pour l'attache du muscle pectiné ; 3° tout à fait en bas, la *crête sus-condylienne*.

L'*extrémité supérieure* porte : 1° en dedans, une *tête* articulaire séparée du reste de l'os par un col et reçue dans la cavité cotyloïde du coxal ; 2° en dehors, une grande éminence, le *trochanter* ; 3° en arrière, la *fosse trochantérienne* ou *digitale*, garnie d'empreintes.

L'*extrémité inférieure* se distingue par la présence de *deux condyles* et d'une *trochlée*. Des deux condyles, l'un est *externe*, l'autre *interne*. Ils sont séparés par une profonde échancrure dite *intercondylienne*, qui loge l'épine du tibia et les ligaments interosseux de l'articulation fémoro-tibiale. Entre les condyles du fémur et les facettes tibiales sont interposées deux pièces fibreuses, dites *ménisques interarticulaires*, qui servent à assurer la coaptation des deux surfaces articulaires.

Légèrement oblique de haut en bas et de dehors en dedans, la *trochlée* semble continuer en avant l'échancrure intercondylienne ; sa lèvre externe est beaucoup plus proéminente que l'interne (Voy. Pl. XIII et XIV).

62. *Crête sous-trochantérienne*.
63. *Fosse sus-condylienne*.
64. *Tête du fémur*.
65. *Grand trochanter*.
66. *Condyle externe du fémur*.
67. *Trochlée*.
68. *Rotule*. Petit os court, compact, aplati d'avant en arrière, situé en avant de la trochlée fémorale, sur laquelle sa face postérieure se moule, et fixé au tibia par trois ligaments extrêmement solides.
69. *Tibia*. Os long, situé entre le fémur et l'astragale, dans une direction oblique de haut en bas et d'avant en arrière. Il constitue la pièce principale de la jambe et présente *trois faces* et *trois bords*.

La *face externe* est concave en haut et convexe en bas, où elle se confond avec l'antérieure. L'*interne* est convexe et très rugueuse supérieurement.

La *postérieure*, à peu près plane, est partagée en deux surfaces triangulaires dont l'une, l'inférieure, est sillon-née par de nombreuses crêtes longitudinales où s'attache le muscle perforant.

Le *bord antérieur* présente, dans son tiers supérieur, une crête courbe à concavité externe, la *crête du tibia*. Le *bord externe* est très épais et concave en haut, où il constitue l'*arcade tibiale*, de concert avec l'os péroné. L'*interne* est également épais et rugueux.

L'*extrémité supérieure* forme *trois tubérosités* : une *antérieure* et deux *latérales*. La tubérosité *externe* porte en dehors une facette articulaire répondant à la tête du péroné.

La partie supérieure des deux tubérosités latérales est occupée par deux surfaces articulaires irrégulières moulées sur les condyles du fémur et séparées l'une de l'autre par l'*épine tibiale*.

L'*extrémité inférieure* présente une surface articulaire formée par deux gorges profondes obliques d'arrière en avant, de dedans en dehors, et séparées par un tenon médian. Cette surface articulaire est en outre flanquée de chaque côté par une *tubérosité*. L'*externe* (*malléole externe* chez l'homme) est peu saillante. L'*interne* (*malléole interne*) est mieux détachée (Voy. Pl. XIII et XIV).

70. *Crête du tibia*.
71. *Péroné*. Petit os avorté, styloïde, situé en dehors du tibia, étendu de la tubérosité externe de cet os, avec laquelle il s'articule, à la moitié ou au tiers inférieur de son corps.
72. *Os du tarse. Astragale*.

Les os du tarse sont courts, très compacts, au nombre de six ou de sept, situés entre le tibia et les métatarsiens et disposés, comme ceux du carpe, en *deux rangées* : l'une *supérieure*, l'autre *inférieure* (Voy. Pl. XIII et XIV).

73. *Calcanéum*.
74. *Rangée inférieure des os du tarse*.
75. *Métatarsien principal* (Voy. la description du métacarpe).
76. *Métatarsien rudimentaire externe* (*id.*).
77. *Grands sésamoïdes* (Voy. la description des mêmes os dans le membre antérieur).
78. *Première phalange* (*id.*).
79. *Deuxième phalange* (*id.*).
80. *Troisième phalange* (*id.*).

PLANCHE II

PIED

8. Apophyse rétrossale.
9. Scissure préplantaire.
10. Éminence patilobe.

Verso.

1. Face inférieure de la troisième phalange.
2. Scissure plantaire.

VI

Coupe verticale antéro-postérieure du pied.

1. Coupe du métacarpien principal.
2. Coupe de la première phalange.
3. Coupe de la deuxième phalange.
4. Coupe de la troisième phalange.
5. Éminence pyramidale.
6. Crête semi-lunaire.
7. Coupe du petit sésamoïde.
8. Tendon de l'extenseur antérieur des phalanges.
9. Son insertion à la troisième phalange.
10. Tendon du fléchisseur perforé.
11. Tendon du fléchisseur perforant.
12. Son insertion à la troisième phalange.
13. Ligament sésamoïdien inférieur.
14. Cul-de-sac postérieur de la première articulation interphalangienne.
15. Cul-de-sac postérieur de la deuxième articulation interphalangienne.
16. Grande gaîne sésamoïdienne.
17. Petite gaîne sésamoïdienne.
18. Coupe de l'ergot.
19. Coupe du bourrelet.
20. Coupe du coussinet plantaire.
21. Coupe de la paroi.
22. Coupe du tissu kéraphylleux.
23. Coupe du tissu podophylleux.
24. Coupe de la sole.

Fig. 2.

Pied antérieur droit vu par sa face inférieure.

I

Face inférieure du fer.

1. Pince.
2. Mamelle.
3. 3. Branches.
4. 4. Éponges.
5. Rive interne.

6. Rive externe.
7. 7. Étampures.

Verso.

Face supérieure du fer.

1. 1. Contre-perçures.

II

Face inférieure du sabot.

1. Bord plantaire de la paroi (pince).
2. 2. Mamelles.
3. 3. Quartiers.
4. 4. Talons.
5. 5. Barres.
6. Corps de la fourchette.
6'. Pointe de la fourchette.
6". 6". Branches de la fourchette.
7. Lacune médiane de la fourchette.
8. 8. Lacunes latérales.
9. 9. Glômes de la fourchette.
10. Face inférieure de la sole.

Verso.

Face supérieure du plancher du sabot.

1. Coupe de la paroi au niveau de la sole.
2. Tissu kéraphylleux à la face interne des barres.
3. Coupe du tissu kéraphylleux en dedans de la paroi et terminaison de ses feuillets dans la sole.
4. Face supérieure de la sole.
5. Arête de la fourchette (Bouley); arête-fourchette (Bracy-Clarck).

III

Tissu velouté.

1. Angle d'inflexion du bourrelet.
2. Tissu podophylleux plantaire.
3. Branches du corps pyramidal revêtues du tissu velouté.
4. Tissu velouté à la face inférieure de la troisième phalange.

Fig. 3.

Pied postérieur droit vu par sa face externe.

Fig. 4.

Pied postérieur droit vu par sa face inférieure.

PLANCHE III

APLOMBS

PLANCHE III

APLOMBS

A. MEMBRE ANTÉRIEUR.

FIG. 1.

Membre antérieur gauche, vu de profil. Déviations de l'ensemble du membre.

A. B. Ligne verticale abaissée de l'articulation du coude.
C. D. Ligne verticale abaissée de la pointe de l'épaule.
E. F. Ligne verticale abaissée de la pointe du coude.
1. Aplomb.
2. Campé du devant.
3. Sous lui du devant.

FIG. 2.

Déviations du genou en avant et en arrière.

1. Arqué ou brassicourt.
2. Creux, effacé ou de mouton.

FIG. 3.

Déviation de la pince en avant.
Long et bas-jointé.

FIG. 4.

Déviation de la pince en arrière.
Court et droit-jointé.

FIG. 5.

Membres antérieurs vus de face.

C. D. Ligne verticale abaissée de la pointe de l'épaule.
1. 1. Aplomb.
2. 2. Trop ouvert du devant.
3. 3. Trop serré du devant.

FIG. 6.

Déviations du genou en dedans et en dehors.

1. 1. Cambré.
2. 2. Genou de bœuf.

FIG. 7.

Déviation de la pince en dedans.
Cagneux.

FIG. 8.

Déviation de la pince en dehors.
Panard.

B. MEMBRE POSTÉRIEUR.

FIG. 9.

Membre postérieur gauche, vu de profil. Déviations de l'ensemble du membre.

G. H. Verticale abaissée de l'articulation coxo-fémorale.
J. K. Verticale abaissée de la rotule.
L. M. Verticale abaissée de la pointe de la fesse.
1. Aplomb.
2. Campé du derrière.
3. Sous lui du derrière.

FIG. 10.

Membres postérieurs vus de derrière.

L. M. Verticale abaissée de la pointe de la fesse.
1. 1. Aplomb.
2. 2. Trop ouvert du derrière.
3. 3. Trop serré du derrière.

FIG. 11.

Déviations du jarret en dedans et en dehors.

1. 1. Cambré.
2. 2. Clos ou crochu.

PLANCHE IV

DENTS — LEUR CONFIGURATION SELON LES ÂGES

Fig. 1.

Mâchoires d'un cheval de cinq ans, vues de profil.

Incisives. { 1. 1. Pinces.
2. 2. Mitoyennes.
3. 3. Coins.
4. 4. Crochets.

Fig. 3.

I

Incisive inférieure gauche vue par son bord externe.

II

Fig. 2.

Mâchoires d'un cheval âgé, vues de profil.

Coupe verticale et antéro-postérieure de cette incisive.

1. Cavité dentaire extérieure.
2. Son bord antérieur.
3. Son bord postérieur.
4. Cavité dentaire intérieure.
5. 5. Ivoire.
6. 6. Émail central.
7. 7. Émail d'encadrement.
8. 8. Cément.
9. Indique que la racine croît pendant que la partie libre de la dent s'use.
A. B. C. D. E. Indiquent les niveaux différents représentés par la figure 4.

FIG. 4.

Formes différentes de la table dentaire d'une incisive suivant son degré d'usure.

A. Aplatie d'avant en arrière (5 ans).
1. Bord interne.
2. Bord externe.
3. Ivoire.
4. Cavité dentaire extérieure.
5. Émail central.
6. Émail d'encadrement.
B. Ovale (8 ans).
7. Étoile dentaire ou radicale.
C. Arrondie (de 9 ans à 12 ans).
D. Triangulaire (de 13 ans à 17 ans).
E. Aplatie latéralement, ou biangulaire (Vieillesse).

FIG. 5.

Troisième molaire supérieure du côté gauche vue par sa face externe.

(La partie libre est seule représentée. La surface de frottement est inclinée en dedans.)

1. Face antérieure.
2. Face postérieure.
3. 3. Cannelures de la face externe.

FIG. 6.

Surface de frottement de la molaire représentée FIG. 5.

1. Face antérieure.
2. Face postérieure.
3. Face externe.
4. Face interne.
5. 5. Cément extérieur.
6. 6. Cément intérieur.

7. Ivoire.
8. Émail central.
9. Émail d'encadrement.

FIG. 7.

Troisième molaire inférieure du côté gauche vue par sa face externe.

(La partie libre est seule représentée. La surface de frottement est inclinée en dehors.)

1. Face antérieure.
2. Face postérieure.
3. 3. Reliefs de la surface de frottement.

FIG. 8.

Surface de frottement de la molaire représentée FIG. 7.

1. Face antérieure.
2. Face postérieure.
3. Face externe.
4. Face interne.
5. 5. Cément.
6. Ivoire.
7. Émail.

CARACTÈRES DIFFÉRENTS DES INCISIVES INFÉRIEURES PAR RAPPORT A L'ÂGE.

FIG. 9.

I. Naissance.
II. Un mois.

FIG. 10.

III. Dix mois.
IV. Un an.
V. Vingt mois.

FIG. 11.

VI. Prenant 3 ans.
VII. Prenant 4 ans.
VIII. Prenant 5 ans.

FIG. 12.

IX. Six ans.
X. Huit ans.
XI. Neuf ans.

FIG. 13.

XII. Onze ans.
XIII. Douze ans.
XIV. Quinze ans.
XV. Dix-neuf ans.
XVI. Trente ans.

PLANCHE V

TARES DES MEMBRES

A. MEMBRE POSTÉRIEUR.

1° *Tares osseuses.*

Fig. 1.
Jarret, face interne.

I

1. Courbe.
2. Éparvin.
3. Châtaigne.

II

A. Extrémité inférieure du tibia.
B. Os du tarse.
C. Métatarse.
1. Courbe.
2. Éparvin.

Fig. 2.
Jarret, face externe.

I

1. Jarde.

II

A. Extrémité inférieure du tibia.
B. Os du tarse.
C. Métatarse.
1. Jarde.

Fig. 3.
Jarret, face postérieure.

I

1. Courbe.
2. Éparvin.

3. Jarde.

4. Châtaigne.

II

A. Extrémité inférieure du tibia.

B. Os du tarse.

C. Métatarse.

1. Courbe.

2. Éparvin.

3. Jarde.

2° Tares molles.

Fig. 4.

Membre postérieur, face interne.

I

1. 1. Vessigons articulaires.

2. 2. Vessigons tendineux.

3. Vessigon cunéen.

4. Capelet.

5. Molette articulaire.

6. Molette tendineuse.

7. Châtaigne.

II

A. Tibia.

B. Métatarse.

1. Fléchisseur du métatarse.

2. Son tendon cunéen.

3. Tendon de l'extenseur antérieur des phalanges.

4. Fléchisseur profond des phalanges.

5. Fléchisseur oblique des phalanges.

6. Tendons des fléchisseurs des phalanges.

7. Tendon d'Achille.

8. Ligament suspenseur du boulet.

9. 9. Vessigons articulaires.

10. 10. Vessigons tendineux.

11. Vessigon cunéen.

12. Capelet.

13. Molette articulaire.

14. Molette tendineuse.

B. MEMBRE ANTÉRIEUR.

1° Tares osseuses.

Fig. 5.

Membre antérieur, face interne

I

1. Osselets.

2. Suros.

---

3. Formes.

4. Châtaignes.

II

A. Extrémité inférieure du radius.

B. B. Os du carpe.

C. Métacarpe.

D. Première phalange.

1. Osselets.

2. Suros.

3. Formes.

2° Tares molles.

Fig. 6.

Genou, face externe.

I

1. Vessigon articulaire.

2. 2. Vessigons de l'articulation médio-carpienne.

3. 3. Vessigons tendineux.

4. Vessigon tendineux.

II

A. Métacarpe.

1. Extenseur antérieur du métacarpe.

2. Extenseur oblique du métacarpe.

3. Extenseur antérieur des phalanges.

4. Extenseur latéral des phalanges.

5. Fléchisseur externe du métacarpe.

6. Tendons des fléchisseurs des phalanges.

7. Ligament suspenseur du boulet.

8. Vessigon articulaire.

9. 9. Vessigons de l'articulation médio-carpienne.

10. 10. Vessigons tendineux.

11. Vessigon tendineux.

Maladies et défectuosités du pied.

Fig. 4.

I

A. Pied pinçard.

B. Seime en pince.

Fig. 6.

I

A. Pied cerclé.

PLANCHE VI

ALLURES DU CHEVAL

PLANCHE VI

ALLURES DU CHEVAL

1. Cheval articulé.
2. L'amble.
3. Le pas.
4. Le trot.
5. Ruade.

6. Reculer.
7. Galop.
8. Cabrer.
9. Saut.

La planche VI et ses huit annexes n'ont pas été intercalés dans l'Atlas pour en rendre le maniement plus facile et pour permettre d'exécuter commodément les diverses allures.

On les trouvera dans la poche du cartonnage de la couverture.

PLANCHE VII

TÊTE

PLANCHE VII

TÊTE

Fɪɢ. 1.

Squelette de la tête, face antérieure.

A. Protubérance occipitale externe.
B. B. Ligne courbe occipitale supérieure.
C. Pariétal.
D. Crêtes pariétales.
E. Frontal.
F. Apophyse orbitaire du frontal.
G. Trou sus-orbitaire.
H. Portion écailleuse du temporal.
I. Apophyse zygomatique.
J. Racine supérieure de cette apophyse.
K. Os propre du nez.
L. Os unguis ou lacrymal.
M. Tubercule pour l'attache de l'orbiculaire palpébral.
N. Os malaire ou zygomatique.
O. O. Cavités orbitaires.
P. Maxillaire supérieur.
P'. Épine maxillaire.

Q. Trou sous-orbitaire.
R. Os intermaxillaire ou incisif.
R'. Apophyse externe de l'os intermaxillaire.
S. Trou incisif.
T. Incisives supérieures.
U. Orifice des fosses nasales.
V. Ouverture incisive.
X. Apophyse nasale.

Fɪɢ. 2.

Tête, face latérale.

1

1. Glande parotide.
2. Extrémité supérieure du sterno-maxillaire.
3. Pavillon de l'oreille.
4. Cartilage conchinien avec son prolongement se fixant sur la surface de la poche gutturale.

Pl. VII. TÊTE. 31

5. Cartilage annulaire.
6. Cartilage scutiforme.
7. Poche gutturale.
8. Zygomato-auriculaire.
9. Temporo-auriculaire externe.
10. Scuto-auriculaire externe.
11. Muscles cervico-auriculaires.
12. Parotido-auriculaire.

II

1. Masséter.
2. Son faisceau profond.
3. Canal de Sténon.
4. Zygomato-labial.

III

Muscles de la face.

1. Orbiculaire des paupières.
2. Fronto-palpébral.
2'. Lacrymal.
3. Sus-naso-labial.
4. Sus-maxillo-labial.
5. Grand sus-maxillo-nasal.
6. Naso-transversal ou transversal du nez.
7. Petit sus-maxillo-nasal.
8. Orbiculaire des lèvres.
9. Alvéolo-labial (plan profond).
10. Alvéolo-labial (plan superficiel).
11. Maxillo-labial.
12. Mento-labial ou muscle de la houppe du menton.
13. Faisceau du peaussier, risorius de Santorini.

IV

Section de l'apophyse zygomatique et de l'arcade orbitaire.
A. Apophyse du frontal (arcade orbitaire).
B. Trou sus-orbitaire.
C. Apophyse zygomatique du temporal.
D. Sommet de l'os malaire ou zygomatique.

V

Muscle temporal.

VI

Maxillaire inférieur.

A. Corps.
B. Branche.

C. Trou mentonnier.
D. Incisives inférieures.
E. Crochet inférieur.
F. Molaires inférieures.
G. Scissure maxillaire.
H. Apophyse coronoïde.
J. Condyle.
K. Échancrure sigmoïde.
L. Barre.

Verso.

A. Coupe du corps du maxillaire inférieur.
B. Orifice supérieur du conduit dentaire inférieur.

VII

1. Ptérygoïdien interne.
2. Ptérygoïdien externe.

VIII

1. Mylo-hyoïdien.
2. Digastrique (faisceau supérieur).
3. Digastrique (faisceau inférieur).

IX

1. Globe oculaire.
2. Muscles moteurs du globe de l'œil.

X

Os du crâne et de la face.

A. Occipital.
B. Condyle de l'occipital.
C. Apophyse styloïde de l'occipital.
D. Pariétal.
E. Temporal.
F. Conduit auditif externe.
G. Apophyse mastoïde du temporal.
H. Racine supérieure de l'apophyse zygomatique.
J. Éminence sus-condylienne.
J'. Condyle du temporal.
K. Cavité glénoïde.
L. Apophyse basilaire de l'occipital.
M. Apophyse ptérygoïde.
N. Frontal.
N'. Cavité orbitaire.
O. Os unguis ou lacrymal.
P. Os malaire ou zygomatique.
Q. Os propre du nez ou sus-nasal.

R. Maxillaire supérieur.
S. Molaires supérieures.
T. Épine maxillaire.
U. Os intermaxillaire ou incisif.
V. Crochet supérieur.
X. Incisives supérieures.
Y. Espace interdentaire.
1. Portion antérieure de la cloison nasale.
2. Plaque cartilagineuse du nez.
3. Fausse narine.

Verso.

Coupe de la tête, à droite de la ligne médiane.

A. Cavité cérébrale.
B. Cavité cérébelleuse.
C. Protubérance occipitale interne.
D. Apophyse crista-galli.
E. Sinus frontal.
F. Sinus sphénoïdal.
G. Volutes ethmoïdales.
H. Cornet ethmoïdal.
J. Cornet maxillaire.
K. Coupe de la voûte palatine.
L. Muqueuse palatine.
M. Méat supérieur des fosses nasales.
N. Méat moyen.
O. Méat inférieur.

XI

1. Trachée.
2. Œsophage.
3. Os hyoïde.
4. Os kératoïde (os styloïde ou grande branche de l'hyoïde, d'après Chauveau).
5. Péristaphylins externe et interne.
6. Stylo-hyoïdien (occipito-styloïdien, d'après Chauveau).
7. Grand kérato-hyoïdien (stylo-hyoïdien, d'après Chauveau).
8. Hyo-pharyngien.
9. Thyro-pharyngien.
10. Crico-pharyngien.
11. Hyo-thyroïdien.
12. Crico-thyroïdien.
13. Sterno-thyroïdien.
14. Ptérygo-pharyngien.
15. Kérato-glosse ou stylo-glosse.
16. Basio-glosse ou grand hyo-glosse.
17. Génio-glosse.
18. Génio-hyoïdien.
19. Face supérieure de la langue.

Verso.

1. Coupe du larynx.
2. Génio-glosse.
3. Coupe du pharynx.

XII

Coupe de la tête, à droite de la ligne médiane.

A. Protubérance occipitale interne.
B. Coupe de l'apophyse basilaire.
C. C. Coupe de l'atlas.
D. D. Coupe de l'axis.
E. Sinus frontaux.
F. Volutes ethmoïdales.
G. Cloison nasale.
H. Vomer.
J. Coupe de la voûte palatine.
J'. Coupe du voile du palais.
K. Muqueuse palatine.
L. Coupe du corps du maxillaire inférieur.
N. Coupe de l'apophyse crista-galli.
O. Cavité crânienne.
P. Canal rachidien.
1. Coupe médiane du cerveau.
2. Coupe du cervelet.
3. Circonvolutions cérébrales.
4. Corps calleux.
5. Glande pinéale.
6. Commissure grise.
7. Glande pituitaire.
8. Tubercule mamillaire.
9. Protubérance.
10. Bulbe.
10'. Coupe de la moelle épinière.
11. Ligament cervical.
12. Coupe des muscles de la nuque.
13. Muscles profonds antérieurs du cou.
14. Poche gutturale.
15. Cavité pharyngienne.
16. Orifice pharyngien de la trompe d'Eustache.
17. Coupe de l'œsophage.
18. Coupe du larynx.
19. Épiglotte.
20. Cartilage aryténoïde.
21. Cartilage thyroïde.
22. Cartilage cricoïde.
23. Coupe de la trachée.
24. Coupe de la langue, muscle génio-glosse.
25. Génio-hyoïdien.
26. Coupe des dents incisives.
27. Coupe des lèvres.

PLANCHE VIII

COU

PLANCHE VIII

COU

I

Peaussier du cou.

1. Fibres charnues.
2. Aponévrose.

II

Glande parotide.
1. Canal de Sténon.
2. Muscle parotido-auriculaire.

III

1. Portion antérieure ou superficielle du muscle mastoïdo-huméral.
2. Insertion mastoïdienne de cette portion.
3. Portion postérieure ou profonde du mastoïdo-huméral.
4. Aponévrose inférieure de ce muscle.
5. Muscle sterno-maxillaire.
6. Veine jugulaire.

IV

A. Omoplate.
B. Son cartilage de prolongement.
C. Extrémité supérieure de l'humérus.
D. Angle scapulo-huméral.
1. Portion dorsale du muscle trapèze.
2. Sa portion cervicale.
3. Insertion du trapèze à la tubérosité de l'épine de l'omoplate.
4. Muscle angulaire de l'omoplate.

V

Muscle rhomboïde.

VI

Muscle splénius.

1. Aponévrose mastoïdienne du splénius.
2. Son faisceau allant s'insérer à l'apophyse transverse de l'atlas.

VII

1. Muscle grand complexus, sa portion postérieure.

2. Portion antérieure du grand complexus.
3. Muscle petit complexus.
4. Faisceau mastoïdien du petit complexus.
5. Faisceau atloïdien du même muscle.
6. Faisceaux inférieurs de l'ilio-spinal.

VIII

1. Sterno-hyoïdien et sterno-thyroïdien.
2. Omo-hyoïdien.

IX

1. Muscle grand oblique de la tête.
2. Muscle petit oblique.
3. Muscle grand droit postérieur de la tête.
4. Muscle grand droit antérieur de la tête.
5. 5. Transversaire épineux du cou.
6. Terminaison du transversaire épineux du dos et des lombes.
7. 7. Muscles intertransversaires du cou.
8. Scalène inférieur.
9. 9. Scalène supérieur.

X

Région cervicale de la colonne vertébrale.

A. 1re vertèbre cervicale ou atlas.
B. 2me ou axis.
C. 7me ou proéminente.
D. Crête inférieure du corps des vertèbres.
E. Apophyse transverse.
E'. Apophyse épineuse.
F. Apophyse transverse de l'atlas.
G. Trou trachélien.
H. Apophyse articulaire antérieure.
I. Apophyse articulaire postérieure.
J. Portion funiculaire du ligament cervical.
K. Sa portion lamellaire.
L. 1re côte.
M. Trou de conjugaison.
1. Trachée.
2. Œsophage.
3. Faisceaux supérieurs de l'ilio-spinal.
4. Artère carotide primitive.
5. Veine jugulaire.
6. Muscle long du cou.

PLANCHE IX

TRONC ET CAVITÉ THORACIQUE — FACE LATÉRALE

I	II
1. Pannicule charnu.	*Muscle trapèze.*
2. Veine de l'éperon ou sous-cutanée tho-	1. Sa portion dorsale.
racique.	2. Sa portion cervicale.

III

Muscle grand dorsal.

IV

Omoplate.

A. Tubérosité de l'épine.
B. Fosse sus-épineuse.
C. Fosse sous-épineuse.
D. Bord de la cavité glénoïde.
E. Base de l'apophyse coracoïde.
F. Angle cervical.
G. Angle dorsal.
H. Cartilage de prolongement.
1. Muscle grand dentelé.
2. Muscle rhomboïde.
3. Muscle angulaire de l'omoplate.

Verso.

A. Bec de l'apophyse coracoïde.

V

1. Muscle grand oblique ou oblique externe de l'abdomen.
2. Son aponévrose.
3. Coupe de la tunique abdominale.
4. Coupe du muscle sterno-trochinien.

VI

Muscle petit dentelé antérieur.

VII

Muscle petit dentelé postérieur.

VIII

A. Côtes, face externe.
B. Gouttière de la face externe des côtes.
1. 1. 1. Muscles intercostaux externes.
2. 2. Muscles intercostaux internes.
3, 4. Muscle ilio-spinal.
5. Muscle intercostal commun.

Verso.

A. A. Face interne des côtes.
1. 1. 1. Muscles intercostaux internes.

IX

Poumon gauche, face externe.

1. Sommet du poumon ou lobe antérieur.

Verso.

Face interne du poumon gauche.

1. Excavation dans laquelle le cœur est logé.
2. Gouttière recevant l'aorte thoracique.
3. Gouttière recevant l'œsophage.
4. Bronche gauche.
5. Artère pulmonaire.
6. Veines pulmonaires.

X

A. Première côte.
B. Dix-huitième côte.
C. Cartilages costaux.
D. Sternum.
E. Angle externe de l'ilium ou épine iliaque antérieure et supérieure.
F. F. Corps des vertèbres dorsales.
1. Muscle petit oblique ou oblique interne de l'abdomen.
2. Muscle rétracteur de la dernière côte.
3. Muscle grand droit de l'abdomen.
4. 4. Muscles intercostaux internes.
5. Muscle scalène.
6. Muscle long du cou.
7. Diaphragme vu par sa face antérieure.
8. Foliole gauche du centre aponévrotique du diaphragme.
9. Portion charnue du diaphragme.
10. Piliers du diaphragme.
11. Face interne du poumon droit.
12. Lobe azygos.
13. Trachée.
14. Œsophage.
15. Cœur, ventricule droit.
16. Ventricule gauche.
17. Oreillette droite.
18. Oreillette gauche.
19. Artère pulmonaire.
20. Veines pulmonaires.
21. Artère aorte antérieure.
22. Artère axillaire gauche.
23. Artère axillaire droite.
24. Tronc de l'artère dorsale.
25. Tronc de l'artère cervicale supérieure.
26. Tronc de l'artère vertébrale.
27. Tronc de l'artère thoracique externe.
28. Artère aorte postérieure.
29. 29. Artères intercostales.
30. Veine cave antérieure.
31. Artère cardiaque droite.
32. Artère cardiaque gauche.

PLANCHE X

TRONC ET CAVITÉ ABDOMINALE — FACE INFÉRIEURE

I

Muscles pectoraux.

Pectoral superficiel. { 1. Sterno huméral. 2. Sterno-aponévrotique,

Pectoral profond. { 3. Sterno-trochinien.

Verso.

1. Sterno-préscapulaire.

II

Muscle grand oblique ou oblique externe de l'abdomen.

1. Sa portion charnue.
2. Son aponévrose.
3. Ligne blanche.
4. Ombilic.
5. Anneau inguinal.

III

Muscle petit oblique ou oblique interne de l'abdomen.

IV

Muscle grand droit de l'abdomen.

1. 1. Ses intersections aponévrotiques.
2. Ligne blanche.
3. Tendon prépubien.

V

Muscle transverse de l'abdomen.

VI

Cavité abdominale.

1. Intestin grêle.
2. Sa portion duodénale qui contourne la base du cæcum.
3. Cæcum.
4. Pointe du cæcum.

Verso.

1. Duodénum se dirigeant transversalement à gauche.
2. Insertion de l'intestin grêle sur la crosse du cæcum.
3. Crosse du cæcum.

VII

1. Côlon flottant ou petit côlon.
2. Rectum.

VIII

1. Seconde portion du côlon replié, ou gros côlon.
2. Courbure pelvienne.
3. Troisième portion du côlon.
4. Courbure sus-sternale.
5. Courbure diaphragmatique.

IX

1. Première portion du côlon replié.
2. Quatrième portion du côlon replié.

Verso.

1. Insertion du côlon sur la crosse du cæcum.

Les portions de l'intestin sont numérotées par ordre de superposition. Pour suivre leur véritable trajet, on doit les voir dans l'ordre suivant :

VI. Intestin grêle et cæcum.
IX. Gros côlon ou côlon replié (1re portion).
VIII. Gros côlon ou côlon replié (2me et 3me portions).
IX. Gros côlon (4me portion).
VII. Petit côlon ou côlon flottant et rectum.

X

A. Face inférieure du sternum.
B. Appendice xiphoïde.
C. Première côte.
D. Huitième côte ou dernière côte sternale.
E. Neuvième côte ou première côte asternale.
F. F. Cartilages costaux.
1. 1. 1. Muscles intercostaux internes.
2. 2. 2. Muscles intercostaux externes.
3. 3. Muscle grand dentelé.
4. Face postérieure du diaphragme.
5. Muscle grand psoas.
6. Muscle iliaque.
7. Muscle petit psoas.
8. Lobe droit du foie.
9. Lobe moyen.
10. Lobe gauche.
11. Estomac.
12. Grande courbure.
13. Sac gauche ou grosse tubérosité.
14. Sac droit ou petite tubérosité.
15. Anneau pylorique.
16. Duodénum.
17. Pancréas.
18. Rate.
19. Rein droit.
20. Rein gauche.
21. 21. Uretères.
11. Vessie.
23. Aorte postérieure.
24. Veine cave postérieure.
25. Arcade crurale.

PLANCHE XI

MEMBRE ANTÉRIEUR -- FACE EXTERNE

Fig. 1.
Épaule, bras, avant-bras.

I

1. Muscle sus-épineux.
2. Son faisceau externe.
3. Sous-épineux.
4. Long abducteur du bras ; son faisceau antérieur.
5. Son faisceau postérieur.

II

1. Gros extenseur de l'avant-bras ou longue portion du triceps brachial.
2. Court extenseur de l'avant-bras ou portion externe du triceps.
3. Leur insertion olécrânienne.
4. Court abducteur du bras ou petit rond.

III

1. Extenseur antérieur du métacarpe.
2. Extenseur oblique du métacarpe.
3. Extenseur antérieur des phalanges.
4. Extenseur latéral des phalanges.
5. Fléchisseur externe du métacarpe.

IV

Court fléchisseur de l'avant-bras ou brachial antérieur.

V

Petit extenseur de l'avant-bras ou anconé.

VI

A. Omoplate.
B. Tubérosité de l'épine.
C. Fosse sus-épineuse.
D. Fosse sous-épineuse.
E. Apophyse coracoïde.
F. Cartilage de prolongement.
G. Humérus.
H. Gouttière de torsion.
I. J. K. Sommet, convexité et crête du trochiter.
L. Empreinte deltoïdienne.
M. Fosse olécrânienne.
N. Epicondyle.
O. Radius.
P. Tubérosité externe et supérieure du radius.
R. Cubitus.
S. Son apophyse olécrâne.
T. Carpe.
U. Os sus-carpien.

Articulation scapulo-humérale.

a. Ligament capsulaire.

Articulation huméro-radiale.

b. Ligament latéral externe.
c. Ligament antérieur.

Articulation radio-cubitale.

d. Ligaments périphériques.

Les lignes ponctuées indiquent l'extrémité inférieure de l'humérus et l'extrémité supérieure du radius.

1. Long fléchisseur de l'avant-bras ou biceps brachial.
2. Son tendon supérieur.
3. Fléchisseur superficiel des phalanges ou perforé.
4. Fléchisseur profond des phalanges ou perforant; son faisceau épitrochléen.
5. Son faisceau cubital.
6. Fléchisseur oblique du métacarpe.

Fig. 2.

Métacarpe et phalanges.

I

1. Extenseur antérieur du métacarpe.
2. Extenseur oblique du métacarpe.
3. Extenseur antérieur des phalanges.
4. Extenseur latéral des phalanges.
5. Son tendon recevant une division de l'extenseur antérieur des phalanges et une bride fibreuse venant du carpe. Fléchisseur externe du métacarpe.

II

A. Radius.
B. Carpe.
C. Métacarpien principal.
D. Métacarpien rudimentaire externe.
E. 1re Phalange.
F. 2me Phalange.
G. Sabot renfermant la 3me phalange.
H. Os sus-carpien.
I. Grands sésamoïdes.

Articulations radio-carpienne et carpo-métacarpienne.

a. Ligament radio-sus-carpien.
b. Ligament métacarpo-sus-carpien.
c. Ligament latéral commun externe.
d. Ligament commun antérieur.
Les lignes ponctuées indiquent les os du carpe, et les extrémités inférieure du radius et supérieure des métacarpiens.

Articulation métacarpo-phalangienne.

e. Ligament suspenseur du boulet.
f. La bride fournie par ce ligament au tendon de l'extenseur antérieur des phalanges.
g. Ligament latéral externe, faisceau superficiel.
h. Son faisceau profond.
i. Ligament antérieur.
j. Ligaments sésamoïdiens inférieurs.

Première articulation interphalangienne.

k. Fibro-cartilage glénoïdien avec ses 3 faisceaux : supérieur, moyen et inférieur.
m. Ligament latéral externe.

1. Fléchisseur superficiel des phalanges ou perforé.
2. Fléchisseur profond des phalanges ou perforant.
3. Fléchisseur oblique du métacarpe.
4. Tendon du fléchisseur superficiel des phalanges.
5. Tendon du fléchisseur profond.

Fig. 3.

Os du carpe, face externe.

Rangée supérieure ou antibrachiale.

A. Pisiforme ou sus-carpien.
B. Coulisse pour le tendon inférieur du fléchisseur externe du métacarpe.
C. Pyramidal.
D. Semi-lunaire.
E. Scaphoïde.

Rangée inférieure ou métacarpienne.

F. Os crochu.
G. Grand os.
H. Extrémité inférieure du radius.
I. Coulisse pour le tendon de l'extenseur antérieur des phalanges.
J. Gouttière pour le tendon de l'extenseur latéral des phalanges.
K. Extrémité inférieure du cubitus.
L. Extrémité supérieure du métacarpien principal.
M. Métacarpien rudimentaire externe.

PLANCHE XII

MEMBRE ANTÉRIEUR — FACE INTERNE

Fig. 1.

Épaule, bras, avant-bras.

I

1. Muscle cqraco-brachial; sa branche superficielle.

2. Long fléchisseur de l'avant-bras ou biceps brachial.

Verso.

1. Branche profonde du muscle coraco-brachial.

II

1. Sous-scapulaire.
2. Adducteur du bras ou grand rond.
3. Grand dorsal.
4. Tendons de ces deux derniers muscles.

III

Long extenseur de l'avant-bras.

IV

A. Face interne de l'omoplate ou fosse sous-scapulaire.
B. Surface triangulaire antérieure.
C. Surface triangulaire postérieure.
D. Face interne de l'humérus ; tubérosité pour l'insertion du grand rond et du grand dorsal.
E. Radius.

Articulation scapulo-humérale.

a. Ligament capsulaire.

Articulation huméro-radiale.

b. Ligament latéral interne.

1. Branche interne du sus-épineux.
2. Gros extenseur de l'avant-bras.
3. Moyen extenseur ou portion interne du triceps brachial.
4. Leur insertion olécrânienne.
5. Insertion supérieure du court fléchisseur de l'avant-bras (brachial antérieur).
6. Sa portion inférieure recouverte par l'expansion aponévrotique du biceps.
7. Extenseur antérieur du métacarpe.
8. Tendon de l'extenseur oblique du métacarpe.
9. Fléchisseur interne du métacarpe.
10. Fléchisseur oblique du métacarpe.
11. Son faisceau olécrânien.
12 Fléchisseurs des phalanges.

Fig. 2.

Métacarpe et phalanges.

A. Radius.
B. Métacarpien principal.
C. Métacarpien rudimentaire interne.
D. Grands sésamoïdes.
E. 1re phalange.
F. 2me phalange.
G. Sabot renfermant la 3me phalange.

Articulations radio-carpienne et carpo-métacarpienne.

a. Ligament latéral interne du carpe.
b. Gaîne carpienne.
c. Ligament suspenseur du boulet.
d. Bride que ce ligament envoie au tendon de l'extenseur antérieur des phalanges.

1. Extenseur antérieur du métacarpe.
2. Tendon de l'extenseur oblique.
3. Fléchisseur interne du métacarpe.
4. Fléchisseur oblique du métacarpe.
5. Fléchisseurs des phalanges.
6. Tendon du fléchisseur superficiel des phalanges.
7. Tendon du fléchisseur profond des phalanges.
8. Tendon de l'extenseur antérieur des phalanges.

Fig. 3.

Os du carpe, face interne.

Rangée supérieure ou antibrachiale.

A. Face interne de l'os sus-carpien.
B. Scaphoïde.

Rangée inférieure ou métacarpienne.

C. Grand os.
D. Trapézoïde.
E. Trapèze.
F. Extrémité inférieure du radius.
G. Coulisse pour le tendon de l'extenseur antérieur du métacarpe.
H. Gouttière pour le tendon de l'extenseur oblique du métacarpe.
I. Extrémité supérieure du métacarpien principal.
J. Métacarpien rudimentaire interne.

PLANCHE XIII

MEMBRE POSTÉRIEUR — FACE EXTERNE

Fig. 1.
Croupe, cuisse, jambe.

I

1. Fessier superficiel (grand fessier chez l'homme).
2. Long vaste (portion antérieure).
3. Long vaste (portion moyenne).
3'. Long vaste (portion postérieure).
4. Demi-tendineux.
5. Tenseur du fascia lata.
6. Aponévrose fascia lata.

II

Moyen fessier.

III

Petit fessier (ou fessier profond).

IV

Triceps de la cuisse.

1. Droit antérieur de la cuisse ou portion moyenne du triceps.
2. Vaste externe.

V

Muscles coccygiens.

1. Sacro-coccygien supérieur.
2. Sacro-coccygien latéral.
3. Sacro-coccygien inférieur.

VI

Triceps de la jambe.

1. Jumeau externe.
2. Soléaire.
3. Tendon d'Achille.

4. 4. Tendon du fléchisseur superficiel des phalanges ou perforé.

Verso.

1. Jumeau interne.
2. Tendon du fléchisseur superficiel des phalanges ou perforé.

VII

1. Extenseur antérieur des phalanges.
2. Extenseur latéral des phalanges.
3. Fléchisseur profond des phalanges ou perforant.

VIII

Fléchisseur du métatarse.

1. Portion tendineuse.
2. Portion charnue.

IX

A. Apophyse épineuse de la 6ᵐᵉ vertèbre lombaire.
B. Coccyx.

C. Os iliaque ou coxal.
D. Angle externe ou angle de la hanche.
E. Angle interne ou angle de la croupe.
F. Fosse iliaque externe.
G. Crête sus-cotyloïdienne.
H. Tubérosité de l'ischion.
I. Fémur.
J. Crête sous-trochantérienne.
K. Fosse sus-condylienne.
L. Sommet du grand trochanter.
M. Convexité du grand trochanter.
N. Crête du grand trochanter.
O. Trochlée.
P. Condyle externe.
Q. Rotule.
R. Tibia.
S. Péroné.
T. Tarse.
U. Métatarse.

Articulations du bassin.

a. Ligament ilio-sacré supérieur.
b. Ligament ilio-sacré inférieur.
d. Ligament sacro-sciatique (le sacrum est représenté en pointillé).

Articulation coxo-fémorale.

e. Capsule de l'articulation coxo-fémorale (la tête du fémur est en pointillé).

Articulation fémoro-tibiale.

f. Ligament rotulien médian.
g. Ligament rotulien externe.
h. Ligament fémoro-tibial externe.

Articulations du tarse.

i. Ligament tibio-tarsien externe superficiel.
j. Ligament externe profond.
m. Ligament antérieur.
n. Ligament calcanéo-métatarsien.

1. Muscle ischio-coccygien.
2. Muscle grand psoas.
3. Muscle iliaque.
4. Obturateur interne.
5. 5. Jumeaux du bassin.
6. Carré crural.
7. Grand adducteur de la cuisse.
8. Demi-membraneux.
9. Grêle antérieur.
10. Poplité.

Fig. 2.
Métatarse et phalanges.

I

1. Extenseur antérieur des phalanges.
2. Extenseur latéral des phalanges. Leurs tendons se réunissent plus bas.
3. Fléchisseur profond des phalanges.

II

A. Extrémité inférieure du tibia.
B. Tarse.
C. Métatarsien principal.
D. Métatarsien rudimentaire externe.
E. Région phalangienne.
F. Sabot.

Articulations du tarse.

G. Ligament tibio-tarsien externe superficiel.
H. Ligament externe profond.
I. Ligament antérieur.
J. Ligament calcanéo-métatarsien.

Articulations métatarso-phalangienne et interphalangiennes.

K. Ligament suspenseur du boulet.
L. Bride qu'il envoie au tendon de l'extenseur antérieur des phalanges.
M. Ligaments métatarso-phalangiens.
N. Ligaments des articulations interphalangiennes.

1. Extrémité inférieure du tendon de l'extenseur antérieur des phalanges.
2. Tendon d'Achille.
3. Tendon du fléchisseur superficiel des phalanges.
4. Tendon du fléchisseur profond des phalanges.

Fig. 3.
Os du tarse, face externe.

A. Extrémité inférieure du tibia.
B. Calcanéum.
C. Astragale.
D. Scaphoïde.
E. Grand cunéiforme.
F. Cuboïde.
G. Extrémité supérieure du métatarsien principal.
H. Extrémité supérieure du métatarsien rudimentaire externe.

PLANCHE XIV

MEMBRE POSTÉRIEUR — FACE INTERNE

PLANCHE XIV

MEMBRE POSTÉRIEUR — FACE INTERNE

Fig. 1.
Bassin, cuisse, jambe.

I

Court adducteur de la jambe.

II

10. Grand adducteur de la cuisse.
11. Demi-membraneux.
12. Demi-tendineux.

III

Jumeau interne.

IV

A. Coupe des trois dernières vertèbres lombaires.
B. B. Coupe du sacrum.
C. Coupe du coccyx.
D. Os iliaque ou coxal.
E. Trou ovalaire ou sous-pubien.
F. Tubérosité de l'ischion.
G. Symphyse ischio-pubienne.
H. Fémur.
I. Rotule (vue par transparence et représentée en pointillé).
J. Tibia.
K. Tarse.
L. Extrémité supérieure du métatarse.

Articulations du bassin.

M. Face inférieure du ligament sacro-sciatique.

Articulation fémoro-tibiale.

N. Ligament rotulien médian.
O. Ligament rotulien interne.
P. Ligament fémoro-tibial interne.

Articulations du tarse.

Q. Ligament tibio-tarsien interne.

1. Grand psoas recouvert du fascia iliaca.
2. Ischio-coccygien.
3. Coupe des muscles sacro-coccygiens.
4. Tenseur du fascia lata.
5. Droit antérieur de la cuisse ou portion moyenne du triceps crural.
6. Vaste interne.

7. Long adducteur de la jambe.
8. Pectiné.
9. Moyen adducteur de la cuisse.
13. Jumeau externe.
14. Fléchisseur superficiel des phalanges ou perforé.
15. Tendon du fléchisseur superficiel des phalanges.
16. Tendon d'Achille.
17. Poplité.
18. Fléchisseur profond des phalanges ou perforant.
19. Fléchisseur oblique des phalanges.
20. Fléchisseur du métatarse.
21. Tendon de ce muscle allant s'insérer au petit cunéiforme.
22. Extenseur antérieur des phalanges.

Fig. 2.
Os du tarse, face postérieure.

A. Extrémité inférieure du tibia.
B. Calcanéum.
C. Astragale.
D. Scaphoïde.
F. Petit cunéiforme.
G. Cuboïde.
H. Extrémité supérieure du métatarsien principal.
I. Extrémité supérieure du métatarsien rudimentaire interne.
J. Extrémité supérieure du métatarsien rudimentaire externe.

Fig. 3.
Os du tarse, face interne.

A. Extrémité inférieure du tibia.
B. Calcanéum.
C. Astragale.
D. Scaphoïde.
E. Grand cunéiforme.
F. Petit cunéiforme.
G. Portion du cuboïde.
H. Extrémité supérieure du métatarsien principal.
I. Extrémité supérieure du métatarsien interne.
J. Extrémité supérieure du métatarsien externe.

PLANCHE XV ET PLANCHE XVI

RACES

PLANCHE XV

RACES

Fig. 1. — Cheval arabe.

Fig. 2. — Cheval anglo-normand.

PLANCHE XVI

RACES

Fig. 1. — Cheval anglais de pur sang.
  1. Petite balzane.
  2. Balzane.
  3. Grande balzane.

Fig. 2. — Cheval percheron.

1740-84. — Corbeil. Imprimerie Crété.

www.ingramcontent.com/pod-product-compliance
Lightning Source LLC
Chambersburg PA
CBHW032313210326
41520CB00047B/3087